Shiferaw Geleta
Abebe Getahun

CONCEITOS BIOGEOGRÁFICOS, EVOLUÇÃO

Shiferaw Geleta
Abebe Getahun

CONCEITOS BIOGEOGRÁFICOS, EVOLUÇÃO

PADRÕES DE DISTRIBUIÇÃO DO NYALA DA MONTANHA(TRAGELAPHUS BUXTONI)

ScienciaScripts

Imprint

Any brand names and product names mentioned in this book are subject to trademark, brand or patent protection and are trademarks or registered trademarks of their respective holders. The use of brand names, product names, common names, trade names, product descriptions etc. even without a particular marking in this work is in no way to be construed to mean that such names may be regarded as unrestricted in respect of trademark and brand protection legislation and could thus be used by anyone.

Cover image: www.ingimage.com

This book is a translation from the original published under ISBN 978-620-7-48854-4.

Publisher:
Sciencia Scripts
is a trademark of
Dodo Books Indian Ocean Ltd. and OmniScriptum S.R.L publishing group

120 High Road, East Finchley, London, N2 9ED, United Kingdom
Str. Armeneasca 28/1, office 1, Chisinau MD-2012, Republic of Moldova, Europe
Managing Directors: Ieva Konstantinova, Victoria Ursu
info@omniscriptum.com

Printed at: see last page
ISBN: 978-620-3-27276-5

Agradecimentos

A minha maior gratidão ao meu orientador, o Professor Abebe Getahun, que trabalha de acordo com o seu horário e está sempre disponível para me aconselhar. Ele está fortemente empenhado em mostrar-me como preparar este estudo de caso. Deu-me informações fiáveis para o sucesso deste curso durante o meu tempo de estudo.

Índice

Números

Tabelas

Acrónimos

BMNP	Bale Mountains National park
EWCA	Ethiopian Wildlife Conservation Authority
IBESS	International Baccalaureate Environmental Systems and Societies
IUCN	International Union for Conservation of Nature
PTA	Phylogenetic Tree Analysis

Resumo

A biogeografia estuda a distribuição de plantas, animais, bactérias e fungos na Terra, tanto na história como na atualidade. Tradicionalmente, dividia-se em duas abordagens diferentes. São elas a biogeografia ecológica e a biogeografia histórica. A biogeografia ecológica é o estudo dos factores ambientais que influenciam a forma como as diferentes espécies se distribuem localmente. A divisão da Pangeia em macacos do Velho Mundo, aqueles que residem no hemisfério oriental, e macacos do Novo Mundo, aqueles que residem no hemisfério ocidental, é um exemplo significativo de biogeografia ecológica. A biogeografia histórica é utilizada para relacionar a distribuição espacial das espécies com a sua história evolutiva. Algumas das abordagens e técnicas da biogeografia histórica incluem: Centro de origem e dispersão, Panbiogeografia, Biogeografia filogenética e Biogeografia cladítica. No início, as espécies tinham um único ponto de origem. Após a formação da tectónica de placas, os organismos distribuíram-se por todo o mundo sob a forma de endemismos e disjunções. A evolução das aves que não voam nas bordas vizinhas dos continentes, a avestruz em África, o tinamous, o Rheas e o Tnamous na América Latina e a ema na Austrália são um dos indicadores da realidade da tectónica de placas. Foram separados pela massa terrestre e evoluíram para espécies diferentes e tornaram-se novas espécies. Tanto os factores bióticos como os abióticos afectaram a distribuição destes taxa. Distribuíram-se de forma uniforme, espacial ou aleatória no seu ambiente. Entre estes taxa, as espécies de mamíferos do género Tragelaphus estavam distribuídas por todo o mundo. As espécies destes animais distribuídas em África estão mais relacionadas entre si do que as encontradas nos reinos do novo mundo. A montanha niyala, endémica da Etiópia, tem mais semelhanças evolutivas com o grande kudu, que se encontra na África Oriental e Meridional. No entanto, está altamente ameaçada pela caça ilegal, pela destruição do habitat, pela invasão do gado e pela predação das crias por cães, bem como pela expansão das culturas de montanha. A recuperação ambiental inicia e acelera a recuperação de um ecossistema que foi degradado, danificado ou contaminado pela atividade humana ou por agentes naturais. Foram recomendados projectos de recuperação ambiental. No entanto, devem ser dadas prioridades aos organismos listados como espécies em perigo de extinção, como o nyala da montanha, a fim de os salvar da extinção.

Palavras-chave: Centro de origem, Recuperação ambiental, Endemismo, Extinção, Placas tectónicas

CAPÍTULO UM : CONCEITOS BIOGEOGRÁFICOS

1. Introdução

1.1. Antecedentes

Os organismos e as comunidades biológicas variam regularmente ao longo de gradientes geográficos de latitude, elevação e área de habitat. A Zoogeografia, a Fitogeografia e a Micogeografia são os principais ramos da biogeografia. Estudam, respetivamente, a distribuição de animais, plantas e fungos, como os cogumelos. A biogeografia histórica descreve os períodos evolutivos a longo prazo para classificações mais alargadas de organismos (Cox *et al.*, 2005). Os primeiros cientistas, a começar por Carl Linnaeus, contribuíram para o desenvolvimento da biogeografia como ciência (Reid, 2009).

Em meados do século XVIII, os exploradores europeus começaram a fazer as primeiras descobertas que ajudaram a biogeografia a tornar-se uma ciência, ao descreverem em pormenor a diversidade da vida na Terra. Na altura, a maioria das visões do mundo dependia da religião e, para muitos teólogos naturais, isso significava a Bíblia. Em meados do século XVIII, Carl Linnaeus foi pioneiro nos métodos de classificação das espécies através da sua investigação em áreas inexploradas. Criou a Explicação da Montanha para explicar a disseminação da biodiversidade. A arca de Noé pousou no Monte Ararat e as águas baixaram, os animais distribuíram-se pelas várias altitudes da montanha. Isto demonstrou que as espécies não eram consistentes, mostrando várias espécies em vários climas (Cox *et al.*, 2005). Os resultados de Linnaeus formaram a base da biogeografia ecológica (Reid, 2009).

Georges-Louis Leclerc e o Conde de Buffon descobriram as alterações climáticas e o modo como estas afectam a propagação das espécies. Buffon pensava que as diferentes espécies evoluíram devido à separação dos continentes, outrora ligados entre si pela água. Esta ideia evoluiu para uma teoria biogeográfica (Browne e Janet, 1983). A teoria da seleção natural, apresentada pela primeira vez por Charles Darwin, refutou a noção de que as espécies eram estáticas ou imutáveis. A Biogeografia de Répteis e Anfíbios na Região de Gómez Farias, de Paul S. Martin, e a Teoria da Deriva Continental, de Alfred

Wegener, utilizaram ambas várias disciplinas académicas para descrever os padrões de distribuição das espécies nas regiões geográficas (Browne e Janet, 1983; Cox *et al.*, 2005).

2. Os diferentes conceitos de biogeografia

A biogeografia é o estudo da distribuição dos organismos na Terra, tanto histórica como atualmente, incluindo plantas, animais, bactérias e fungos. Historicamente, houve duas abordagens distintas à biogeografia. De acordo com Morrone e Crisci (1995), são elas a biogeografia ecológica e a biogeografia histórica.

2.1. Biogeografia ecológica

O estudo dos factores ambientais que influenciam a forma como as diferentes espécies se distribuem localmente é conhecido como biogeografia ecológica. A divisão da Pangeia, quando todos os continentes da Terra formavam uma enorme massa terrestre, é um exemplo significativo de biogeografia ecológica. Os macacos do velho mundo, aqueles que residem no hemisfério oriental, e os macacos do novo mundo, aqueles que residem no hemisfério ocidental, diferem neste aspeto (Brown *et al.*, 1996).

2.2. Biogeografia histórica

A biogeografia histórica é utilizada para relacionar a distribuição espacial das espécies com a sua história evolutiva. Para explicar a distribuição espacial dos organismos em termos da sua história evolutiva através da biogeografia histórica, são importantes os períodos mais longos (milhões de anos), as escalas espaciais maiores (como as massas continentais) e os padrões de distribuição das espécies ou dos taxa superiores. Mas esta fronteira tornou-se um pouco obscura nos últimos anos. Por exemplo, a filogeografia, uma disciplina relativamente recente, é geralmente incluída na biogeografia histórica (Avise, 2000). A biogeografia filogenética, a biogeografia cladística, a panbiogeografia e o centro de origem e dispersão são alguns exemplos de técnicas de biogeografia histórica. A tabela seguinte1 (Posadas *et al.*, 2006) enumera os procedimentos e os autores.

Quadro 1: Abordagens e técnicas da biogeografia histórica

Abordagem	Técnicas	Autores
Centro de origem e dispersão	Centro de origem e dispersão	Mateus (1915)
Panbiogeografia	Análise do trajeto	Croizat(1958)
	Gráficos de abrangência	Página(1987)
	Compatibilidade das faixas	Craw(1988)
Biogeografia filogenética	Biogeografia filogenética	Brundin (1966)
Biogeografia cladística	Cladogramas de área reduzida	Rosen (1978)
	Mapas de espécies ancestrais	Wiley (1980)
	Biogeografia filogenética quantitativa Análise de componentes	Mickevich (1981) Nelson e Platnick (1981) Wiley (1987)
	Análise de parcimónia de Brooks	

Fonte: Posadas *et al.*, 2006.

2.2.1. Centro de origem e dispersão

Podemos citar William Mathewa (1915), como um dos mais conhecidos proponentes desta abordagem. Este método pré-tectónico baseia-se na escola de pensamento Darwin-Wallace. Centra-se na distribuição histórica de grupos específicos num quadro concetual de dispersão. Este método postula que as espécies tiveram um único ponto de origem, a partir do qual alguns indivíduos se dispersaram mais tarde por acaso e foram submetidos à seleção natural para evoluir. De acordo com este método, as únicas ocorrências históricas que afectaram a distribuição dos taxa foram a dispersão e a extinção. De acordo com a sua definição, trata-se de uma disciplina ad hoc (Croizat *et al.*, 1974).

2.2.2. Panbiogeografia

Le'on Croizat (1958 e 1974) apresentou esta estratégia, que se baseia na noção de que tanto a vida como a Terra progridem ao longo do tempo. Tratava-se de uma iniciativa de investigação totalmente nova com o objetivo de "reintroduzir e reforçar a importância da dimensão espacial ou geográfica da diversidade da vida para a nossa compreensão dos padrões e processos evolutivos" (Craw *et al.*, 1999). Podemos identificar biotas ancestrais utilizando a panbiogeografia. Este método centra-se principalmente na evolução do biota e pressupõe a probabilidade de dispersão, vicariância e extinção.

2.2.3. Biogeografia filogenética

Através das teorias de Willi Hennig (1966), esta estratégia foi desenvolvida e é descrita como a investigação da evolução temporal e espacial de grupos monofiléticos. Um paradigma pré-tectónico viu também surgir a biogeografia filogenética. Nesta perspetiva, a dispersão e a extinção são os únicos mecanismos envolvidos na distribuição das espécies, tal como acontece nas abordagens do centro de origem e da dispersão. Este foi o primeiro método a utilizar a hipótese filogenética de um grupo de organismos como base para estimar a sua história biogeográfica (Brundin, 1966). O método da biogeografia filogenética é criticado por utilizar as mesmas justificações que a técnica do centro de origem e dispersão.

2.2.4. Biogeografia cladística

Rosen (1978); Gareth e Normal (1981) foram os primeiros a estabelecer esta estratégia. A biogeografia cladística é um ramo da "biogeografia de área". O seu objetivo é procurar um padrão nas relações entre zonas de endemismo que aparecem frequentemente em várias filogenias de táxones e que podem estar relacionadas com acontecimentos históricos na Terra (Crescie *et al.*, 2003). Utilizando os dados de distribuição e filogenéticos dos taxa, o objetivo último da biogeografia cladística é interpretar a história das regiões . As comparações entre cladogramas obtidos a partir de vários taxa que existem numa área específica permitem a elucidação de padrões gerais. Muito provavelmente, a especiação alopátrica que se inicia em eventos vicariantes é o que gera estes padrões (Santini & Winterbottom, 2002).

3. Reconstrução de acontecimentos passados em biogeografia

3.1. A deriva continental e as alterações climáticas do passado

Alfred Wegener, um geofísico e meteorologista alemão, descobriu que a América do Sul e a África pareciam encaixar num mapa do globo. Chamou ao supercontinente Pangeia, que, segundo ele, continha todos os continentes existentes. Há cerca de 300 milhões de anos, a Pangeia foi equilibrada pelo Panthalassa, um grande oceano. Antes de Pangeia, Rodínia existia há 600 milhões de anos (Evans, 2013). O supercontinente Pangeia de Wegener fragmentou-se há cerca de 200 milhões de anos, dividindo-se inicialmente em Laurásia e Gondwanaland. Propôs o conceito de deriva continental em 1912, mas este foi amplamente ridicularizado e esquecido (Howkins, 2016).

A deriva continental surgiu na década de 1960, com os sismómetros a revelarem a ocorrência de sismos em locais específicos e os magnetómetros a revelarem alterações magnéticas inesperadas perto de cristas submarinas. Este facto levou a uma nova hipótese que alterou as caraterísticas físicas do continente, o clima e o ambiente da fauna (Md. Zulfequar, 2012).

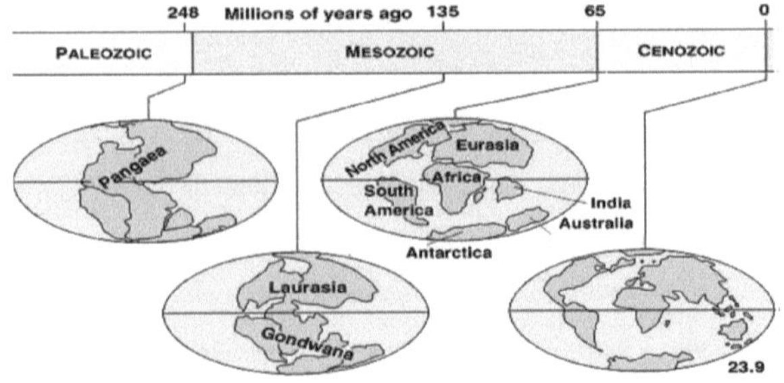

Figura 1: Diagrama que mostra as fragmentações da Pangeia
Fonte: Hallam (1975).

3.2. A tectónica de placas e o seu efeito na distribuição dos taxa

A estrutura e a evolução da Terra são explicadas pela tectónica de placas, que sugere que a crosta terrestre está dividida em cerca de 20 placas tectónicas (Monroe e Wicander, 1997). De acordo com Monroe e Wicander (1997) e Lutgens e Tarbuck (2005), estas placas movem-se umas em torno das outras em diferentes direcções e a velocidades variáveis (entre 2 e 10 cm por ano). Alfred Wegener descobriu que os continentes da América do Sul e de África formaram um supercontinente chamado Pangeia há cerca de 300 milhões de anos. Este supercontinente era equilibrado por Panthalassa, que significa "toda a água". No entanto, o conceito de Wegener de deriva continental foi amplamente ridicularizado e esquecido. Os cientistas descobriram que os terramotos ocorriam em locais específicos e que as alterações magnéticas perto das cristas submarinas eram inesperadas. Isto levou a uma nova hipótese de que a deriva continental alterava as caraterísticas físicas do continente, a sua localização e a posição das massas de água, afectando o clima e a fauna. A tectónica de placas é agora uma teoria mais completa, que explica porque é que os continentes da Terra se movem. Quando os continentes se separam, as espécies que transportam consigo dispersam-se, e os animais com um antepassado comum evoluem frequentemente de forma independente. A dispersão é crucial para determinar a forma como os organismos se distribuem.

De acordo com Dessalegn Ejigu e Abebe Getahun (2015), os dados atualmente disponíveis são mais consistentes com o modelo da primeira África para a distribuição animal, que defende que este continente foi a primeira das grandes massas de terra do Gondwana cujas faunas de vertebrados terrestres se tornaram cada vez mais especializadas durante o Cretáceo.

3.2.1. A tectónica de placas e a distribuição dos recursos naturais

Numerosos recursos naturais são criados como resultado da tectónica de placas. Como resultado, são descobertas numerosas reservas de recursos naturais economicamente significativas nos limites das placas. Por este motivo, os cientistas podem procurar depósitos minerais e petrolíferos e prever a presença de recursos numa determinada área graças à sua compreensão da tectónica de placas (Monroe e Wicander, 1997; Lutgens e Tarbuck, 2005). Consequentemente, o rastreio da origem e da distribuição dos recursos naturais é uma aplicação muito importante da tectónica de placas. De acordo com Owen *et al.* (2006), as rochas ígneas e a atividade hidrotermal concomitante estão ligadas a numerosos depósitos de minerais metálicos, incluindo os de cobre, ouro, chumbo, prata, estanho e zinco. Consequentemente, existe uma ligação direta entre a presença destes recursos minerais lucrativos e as fronteiras das placas.

3.2.2. Tectónica de placas e ponte

Trewick (2017), referiu que a tectónica de placas pode resultar na ligação de áreas terrestres anteriormente disjuntas e, simultaneamente, na separação de ambientes marinhos, através de vulcanismo, acreção, orogénese e deformação. Embora a ligação de terras tenha sido largamente rejeitada na consideração da história biológica antiga da Terra, exemplos mais recentes mostram a sua influência. O istmo da América Central (ou Panamá) entre a América do Norte e a América do Sul (Figura 2) é uma estreita faixa de terra (60-177 m de largura) que finalmente fechou a ligação equatorial entre os

oceanos Atlântico e Pacífico (a via marítima da América Central) no Plioceno tardio, há
cerca de 3 milhões de anos (Coates & Stallard, 2013).

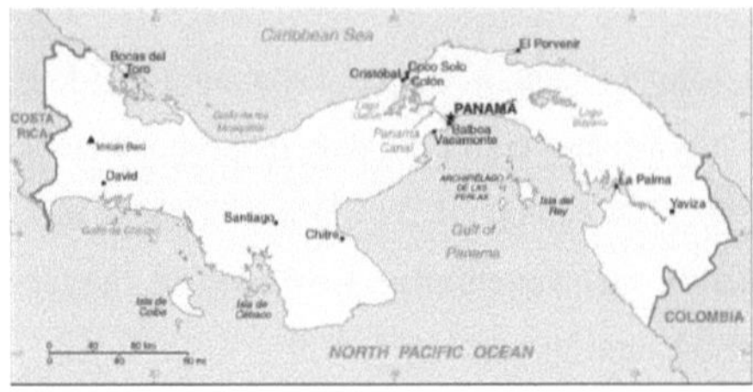

**Figura 2: Placas tectónicas do Panamá (istmo) entre a América do Norte e a
América do Sul**
Imagem: (Coates & Stallard, 2013)

Várias placas tectónicas intersectam-se na região e a sua interação parece ter conduzido
à formação de numerosas ilhas vulcânicas a partir de cerca de 5,5mya. A acumulação de
sedimentos entre estas ilhas é um dos mecanismos propostos para a ponte terrestre. A
ponte entre a América do Norte e a Eurásia é uma ponte na península de Reykjanes que
liga placas tectónicas e é também um exemplo (Dowling, 2013).

4. Evolução e padrões de distribuição

De acordo com Howard e Berlocher (1998), a especiação é o processo pelo qual surgem
novas espécies e é um tema importante para os biólogos evolutivos. Além disso,
relataram o surgimento de novas espécies em Endless forms: speciation. O modo mais
provável, e provavelmente o mais comum, de especiação é de acordo com o modelo
alopátrico ou geográfico. Uma espécie existente divide-se de alguma forma,
normalmente por uma barreira geográfica, e os dois segmentos da população evoluem
separadamente. Os cientistas pensam que o isolamento geográfico é uma forma comum
de iniciar o processo de especiação. Os modelos de especiação são: deserto, mudança de
curso de rios, montanhas, deriva de continentes, migração de organismos (Thanukos,
2008).

Por outro lado, Coyne (2007) referiu que a especiação pode ocorrer por especiação simpátrica. Com base no relatório, o aspeto fundamental da especiação simpátrica é que ocorre quando espécies incipientes estão em contacto físico umas com as outras, potencialmente capazes de cruzar e trocar genes. A especiação simpátrica é única porque o processo começa com uma mistura genética completa entre os grupos divergentes. Um processo relacionado, a especiação parapátrica, é a formação de espécies a partir de populações que estão um pouco, mas não completamente, isoladas geograficamente, de modo que as barreiras reprodutivas começam a evoluir quando o fluxo genético é restrito (Coyne, 2007).

4.1. Factores que afectam a distribuição dos animais

A distribuição das espécies depende de interações com factores abióticos (não vivos) e bióticos (vivos) no ambiente (Hotra *et al.*, 2003). Relatórios semelhantes foram apresentados por Potts *et al.*, (2020) que relataram factores ambientais que influenciam a distribuição em pequena escala do único inseto endémico da Antárctida. Bokhorst *et al.*, (2019), também afirmaram "Compreender a influência dos factores abióticos e bióticos na distribuição das espécies é fundamental para prever a resposta às alterações ambientais. "Por isso, é importante analisar cada um destes factores na distribuição dos animais.

4.1.1. Factores abióticos

Factores abióticos como a temperatura, a intensidade da luz, a quantidade de água disponível (humidade), os níveis de poluentes, a intensidade e direção do vento, o PH do solo e o conteúdo mineral, o oxigénio disponível e os níveis de dióxido de carbono para as plantas. As barreiras físicas, como massas de água, montanhas, etc., são também factores que afectam a distribuição dos animais (Hotra *et al.*, 2003).

Temperatura e intensidade luminosa - como a temperatura é um fator limitante para a fotossíntese, o crescimento das plantas verdes na comunidade pode ser limitado em climas frios. O número limitado de plantas verdes limita o número de herbívoros na comunidade, uma vez que estes não têm alimento suficiente para sobreviver e, consequentemente, limita o número de carnívoros que se alimentam dos herbívoros. A luz é também um fator limitante da fotossíntese que afecta a distribuição das plantas e dos animais na comunidade. Em níveis baixos de luz, as plantas verdes podem ser substituídas por fungos ou musgos, uma vez que estão mais adaptadas a este ambiente (Hotra *et al.*, 2003).

Quantidade de água disponível e níveis de poluentes - as plantas e os animais dependem da água para sobreviver. Por exemplo, depois de chover num deserto, muitas plantas crescem e libertam sementes onde o abastecimento de água é adequado. Estas plantas são comidas por animais que podem deslocar-se para a comunidade para se alimentarem delas. Se os níveis de poluentes numa área forem excessivos, os organismos podem não sobreviver. Por exemplo, os líquenes não conseguem sobreviver numa concentração elevada de dióxido de enxofre. pH do solo e conteúdo mineral - o nível de iões minerais e o pH do solo determinam os tipos de plantas que podem crescer e sobreviver num ambiente. Por exemplo, se o nível de iões de nitrato no solo for elevado, as plantas carnívoras podem sobreviver, mas outros tipos de plantas não (Hotra *et al.*, 2003).

Intensidade e direção do vento - em zonas onde os ventos são muito fortes, a forma das árvores e das paisagens pode ser alterada. Os ventos fortes também podem aumentar a taxa de transpiração das plantas, mas reduzem a quantidade de polinização pelo vento, que ocorre quando o pólen é afastado das outras plantas. Disponibilidade de oxigénio e dióxido de carbono - a sobrevivência dos organismos que vivem em habitats aquáticos depende da disponibilidade de oxigénio. Alguns invertebrados podem sobreviver em níveis muito baixos de oxigénio, enquanto a maioria dos peixes necessita de níveis elevados de oxigénio para sobreviver. A quantidade de dióxido de carbono é também um fator limitante para a fotossíntese, pelo que, em níveis baixos de dióxido de carbono, as plantas são incapazes de fazer fotossíntese e crescem (Hotra *et al.*, 2003).

4.1.2. Factores bióticos

A computação no interior de uma espécie (computação inter-específica) e entre espécies (computação inter-específica) pode ter uma forte influência na distribuição espacial de plantas e animais. Exemplos: Predadores, Doenças causadas por agentes patogénicos ou parasitas, e actividades humanas (Potts *et al.*, 2020).

Competição - os organismos competem com membros da sua própria espécie e de outras espécies pelos mesmos recursos, como o alimento e o abrigo. Por exemplo, os esquilos vermelho e cinzento podem viver no mesmo habitat e, por isso, precisam de comer o mesmo alimento. Existe um limite para a quantidade de alimentos disponíveis, pelo que, se os esquilos cinzentos comerem a maior parte dos alimentos, sobrará muito pouco para os esquilos vermelhos e o seu número diminuirá, uma vez que não poderão sobreviver para se reproduzirem (Potts *et al.*, 2020).

Predação - o número de predadores é determinado pela quantidade de presas disponíveis. Se o número de presas diminuir, não haverá alimento suficiente para os predadores. Os predadores morrem e o seu número diminui, enquanto as presas têm mais hipóteses de sobreviver e de se reproduzir. Quando são introduzidos novos predadores numa comunidade, os animais de presa não estão familiarizados com eles e não têm defesas contra eles. O número de animais de presa pode diminuir rapidamente porque não conseguem sobreviver. Se um novo agente patogénico ou parasita for introduzido numa comunidade, os organismos dessa comunidade podem não ter resistência e as suas populações podem diminuir tanto que acabam por morrer (Potts *et al.*, 2020).

4.2. Endemismo e disjunção

4.2.1. Endemismo

Endemismo: a ocorrência de taxa com distribuições nativas restritas a uma determinada localização geográfica. O endemismo pode ser variável em escala, desde uma pequena área (por exemplo, uma espécie de peixe endémica de um lago específico) até continentes inteiros, por exemplo, endémica da Austrália (Crandall *et al.* 2000). Qualquer visão geral do endemismo deve reconhecer o complexo entrelaçamento de processos bióticos e abióticos que ocorreram ao longo das histórias da linhagem e do local para determinar por que um táxon existe onde está hoje (Lomolino *et al.,* 2017).

As endémicas podem ser classificadas de acordo com o seu local de origem: Auto endémicas: evoluíram numa área dentro da sua distribuição atual. Allo endémicas: originárias de outro local, dispersaram-se para a sua localização atual e, subsequentemente, extinguiram-se noutro local. São conhecidos como relictos. Os peixes pulmonados tinham uma distribuição geográfica mais alargada no passado (Ricklefs & Latham, 1993). O endemismo pode ter tido origem recentemente ou há muito tempo: Neoendémicos: endemismos de origem recente (e.g., pares de espécies bentónicas e limnéticas de stickleback). Paleoendemismos: endemismos que tiveram origem há muito tempo, como é o caso dos vairões olímpicos (Peres & Mantelatto, 2020).

4.2.2. Disjunção

É a ocorrência de duas ou mais espécies ou populações intimamente relacionadas em locais geograficamente distintos (sem que nenhuma delas exista na área intermediária). A família Heteromyidae, que inclui as ratazanas-canguru, os ratos-canguru e os ratos de bolso, é nativa do sudoeste da América do Norte, da América Central e do extremo noroeste da América do Sul (Stangl *et al.*, 1995). Estes organismos não podem interferir uns com os outros, uma vez que vivem em regiões separadas e desenvolveram-se em espécies distintas. A disjunção pode ter várias causas, incluindo:

Vicariância - Disjunção por tectónica - Os antepassados ocorreram em pedaços da crosta terrestre que outrora estiveram unidos, mas que posteriormente se dividiram e se afastaram. Exemplo de aves que não voam, avestruz em África, Tinamous , Rheas e Tnamous na América Latina, e Emu na Austrália (Ford, 2000). As aves que não voam nos continentes mostram a disjunção após a tectónica de placas (Figura 3).

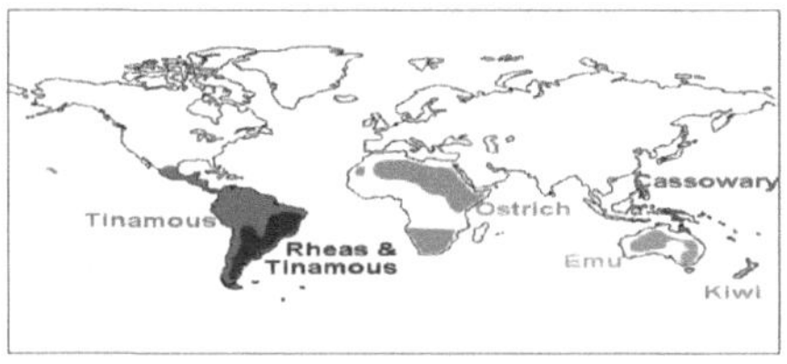

Figura 3: Aves que não voam nos continentes
Fonte: Ford (2000).

Extinções - Os antepassados já estiveram amplamente distribuídos em populações ligadas entre si, mas as populações das áreas intermédias extinguiram-se, deixando populações isoladas. Exemplo: A outra causa de Disjunção é a dispersão a longa distância - pelo menos uma linhagem dispersou-se a uma longa distância da área onde o(s) seu(s) antepassado(s) ocorria(m) originalmente. Exemplo: Galaxias, também conhecida como inanga (Galaxias *spp*) (Dowall, 2002).

4.3. Padrões modernos de distribuição e adaptações dos taxa animais

Os padrões de dispersão ou distribuição mostram a relação espacial entre os membros de uma população num habitat. Os padrões são frequentemente caraterísticos de uma determinada espécie; dependem das condições ambientais locais e das caraterísticas de crescimento da espécie (no caso das plantas) ou do seu comportamento (no caso dos animais). Os indivíduos de uma população podem distribuir-se segundo um de três padrões básicos: podem estar mais ou menos igualmente espaçados entre si (dispersão uniforme), dispersos aleatoriamente sem um padrão previsível (dispersão aleatória) ou dispersos em aglomerados (Bartee *et al.*, 2017) (Figura 4).

Figura 4: Três padrões de distribuição em populações de organismos
Fonte: Green (2009).

Os pinguins e outras aves territoriais têm normalmente uma distribuição consistente. Os dentes-de-leão e outras plantas com sementes dispersas pelo vento têm normalmente uma distribuição aleatória. Os animais que migram em bandos, como os elefantes, apresentam uma distribuição agrupada. Nas espécies de plantas que restringem o crescimento de indivíduos vizinhos, a dispersão é uniforme. Uma ilustração de alelopatia negativa é a libertação de venenos pela planta sálvia, Salvia leucophylla. As toxinas matam a vegetação circundante num círculo à volta de cada planta de salva, resultando num espaçamento uniforme entre elas. A dispersão uniforme também está presente em animais com territórios específicos, como os pinguins que nidificam (Green, 2009).

O dente-de-leão e outras plantas com sementes dispersas pelo vento, que germinam onde quer que caiam num ambiente favorável, causam uma dispersão aleatória. As plantas que deixam cair as suas sementes diretamente no solo, como os carvalhos, ou os animais que se reúnem em bandos, como os cardumes de peixes ou as manadas de elefantes, apresentam uma dispersão agrupada. A heterogeneidade do habitat também pode levar a dispersões agrupadas. Tal como acontece com os leões que se reúnem em torno de uma fonte de água, os organismos têm tendência para se juntarem em áreas onde existem condições favoráveis (Green, 2009).

4.4. Os domínios zoogeográficos

Sclater (1857), foi o primeiro a dar conceitos de zoogeografia e dividiu as massas continentais em seis reinos com base nos seus estudos sobre a avifauna em duas criações ou centros de criação, nomeadamente, a Criação Paleogeana (Velho Mundo) e a Criação Neogeana (Novo Mundo).

4.4.1. Paleogeana (Velho Mundo)

Estes reinos incluem o Paleártico (Eurásia temperada), a Etiópia (paleotrópico ocidental), a África, o Índico (paleotrópico médio), a Ásia tropical, a Austrália (paleotrópico oriental), a Austrália, a Nova Guiné e a Tasmânia.

Paleártico: Esta região inclui a Europa, a Rússia até à costa do Pacífico e o Mediterrâneo até ao Sara. O clima é temperado e polar no norte. A Ásia Oriental é temperada com florestas de folha caduca. Na zona norte, há pradarias (estepes) e a parte interior é árida, com mamíferos. Existem 33 famílias de mamíferos terrestres . Os animais de distribuição mundial, que correspondem a um terço das famílias, são os coelhos, os ratos, a família dos cães, os musaranhos, os esquilos e a família dos gatos. Os animais restritos ao Velho Mundo incluem os ouriços-cacheiros, os porcos-espinhos, as civetas, o panda gigante (Ailuropoda), as hienas e os porcos. Quatro famílias são partilhadas com o Neárctico: castores, ratos saltadores, esquilos voadores e toupeiras (Talpa), e quatro são partilhadas com a região africana.

Mamíferos endémicos: rato-toupeira (Spalacidae) e camelo (Seleviniidae), arganazes. Os elementos africanos são cavalos selvagens; o cavalo de Prezevalski é o único cavalo verdadeiramente selvagem do mundo. Existem 53 famílias de aves, a maioria das quais são migratórias. Todas as aves têm uma distribuição alargada e são partilhadas com as regiões neárcticas, orientais e africanas, por exemplo, faisões, carriças, tentilhões, toutinegras, aves marinhas, gansos, aves de rapina, grous, andorinhas-do-mar, gaivotas, etc. O pardal-dos-campos é restrito a esta região.

Anfíbios: Há tritões comuns, tritões de crista *(Triton),* tritões espanhóis *e* tritões alpinos. O *Proteus* incolor é cego e vive nas grutas europeias. Existem salamandras europeias, *Salamandra* e *S. atra,* e uma espécie de salamandra gigante *(*Megalobatrachus*)* no Japão e na China que atinge um comprimento superior a 1,5 metros. Os anuros são representados por rãs, sapos e pererecas. O macho do sapo parteiro *(Alytes obstetricans),* que se encontra em França e Itália, transportava ovos enrolados nas patas traseiras. Os anfíbios apresentam afinidades com a região do Neárctico. Não existe uma família endémica de répteis. O lagarto, o espinossauro e o jacaré *sinensis* são endémicos da China. Existem lagartos, cobras, Typhlops e jibóias, Trionyx e tartarugas amidinas.

Peixes: A fauna piscícola também apresenta afinidades com o Neárctico. Não há peixes endémicos e a carpa é a família dominante. Há carpas, salmões, lúcios, percas, enguias e *Petromyzon* que migram do mar para os rios para se reproduzirem e a larva de ammocoete, vulgarmente conhecida como dorminhoco da areia, vive na lama durante vários anos nos rios europeus. Algumas espécies de esturjões desdentados imigram do mar para os rios do Japão e da Rússia para pôr ovos que são colhidos para preparar uma iguaria chamada *caviar*. A fauna é uma mistura de trópicos do Velho Mundo e de temperados do Novo Mundo.

Sub-regiões do Paleártico: Europa, Europa do Norte e Central e Mar Negro. A fauna é constituída por ouriços, musaranhos, toupeiras e miogalos (um mamífero) que se encontram no Mediterrâneo, no Sul da Europa, na Arábia, na Ásia Menor, no Afeganistão, no Baluchistão e em partes da Rússia. A fauna inclui civetas, hienas e hyrax. A Sibéria, o Norte da Ásia e o Norte dos Himalaias têm condições climáticas extremas. A fauna inclui o iaque, o veado almiscarado, a toupeira e a foca de água doce *(Phoca sibirica)* que se encontram no lago Baikal, na Manchúria, na Mongólia, no Japão, na Coreia, na Manchúria, no Tibete e no Norte da China. A fauna inclui o langur tibetano *(Rhinopithecus)*, o panda gigante *(Ailuropus)*, o veado de água chinês *(Hydropotes)* e o veado de tufos *(Elaphodus)*.

Região de África: Esta região inclui a África continental a sul do deserto do Sara. Trata-se principalmente de uma região tropical com florestas sempre verdes e pradarias nas partes central e oriental. Esta região é constituída por mamíferos, aves, répteis, anfíbios e peixes.

Mamíferos: Existem 38 famílias de mamíferos, das quais 12 são exclusivas e as restantes são partilhadas com as regiões Neotropical e Oriental. Os animais com distribuição mundial incluem musaranhos, coelhos, esquilos, ratos cricetídeos, cães, ratos de pelo, gatos e bovídeos, e antílopes. Os animais exclusivos incluem girafas, hipopótamos, avestruzes ou tamanduás-do-cabo pertencentes a Tubulidentata, hiracóides das rochas (Hyracoidea), toupeiras douradas (Chrysochloridae), musaranho-elefante, pequenos veados como o chevrotain de água, aye-aye, bebés do mato e lémures em Madagáscar. Existem 6 famílias endémicas de roedores e 3 de insectívoros. Não existem camelos, ursos ou tigres nesta região. Os animais partilhados com o Oriente são os loris, macacos, macacos, pangolins, chitas, elefantes e rinocerontes.

Aves e avifauna: cucos, pica-paus, calaus, pássaros do sol, garças, orioles, aves de rapina, cegonhas, papagaios, pombos, galinhas, pitta, pintassilgos, calaus, andorinhas e abelharucos. As seis famílias exclusivas incluem a avestruz, uma ave-secretária (Secretaridae), o martelo que se alimenta de rãs e peixes, o tucano-de-crista (Turacidae), o corno-da-terra, o pássaro-rato e o picanço-de-capacete. O guia de mel que se alimenta de larvas de abelhas e guia as tribos de recolha de mel para as colmeias. Duas espécies de pica-paus, o de bico amarelo e o de bico vermelho, alimentam-se de carraças e outros ectoparasitas dos rinocerontes. O pássaro-crocodilo atreve-se a entrar na boca dos crocodilos para se alimentar de sanguessugas.

Répteis: Os crocodilos e as tartarugas são abundantes e alguns lagartos pertencem às famílias Lacertidae e Agamidae. Os lagartos chifrudos iguanídeos estão ausentes. O lagarto espinhoso da família Cordylidae está restrito a esta região. *O camaleão* também ocorre na região oriental. As cobras incluem pítons, *Typhlops* e víboras mordedoras. Os crocodilos incluem *o Crocodylus notices, o Osteolaemus* na África Ocidental e *o Osteoblepharon* no Congo.

Anfíbios: Não existem urodelos, mas abundam rãs e sapos, como a rã-de-crista-africana e a rã-de-focinho-achatado-africana. A família Hylidae de rãs arbóreas está ausente, substituída por Polypedatidae. A rã voadora é o rhacophorid africano. Os géneros *Rana* e *Bufo* estão ausentes. As rãs arbóreas Phrynomerid são endémicas. *O Xenopus* e os sapos aquáticos com garras estão presentes. Os anfíbios sem membros estão presentes.

Peixes: Os peixes pulmonados têm duas espécies de *Protopterus* que vivem nos rios e lagos dos trópicos. Chondrostei é representado por 10 espécies de Bichir *(Polypterus)*. A enguia eléctrica da família Mormyridae tem órgãos eléctricos na cauda. Existem peixes-gato, carpas e characins e, de um modo geral, a fauna piscícola é diversificada. A fauna apresenta uma grande semelhança com a da região oriental.

Sub-regiões da região africana: África Oriental: Inclui a África tropical e a Arábia tropical. A fauna contém 145 famílias de vertebrados. Há rinocerontes, zebras, girafas, chitas, hienas-pintadas e leões. África Ocidental: A África Ocidental até ao Congo inclui florestas. A fauna tem 134 famílias de vertebrados que incluem gorilas, chimpanzés, macacos, babuínos e esquilos voadores. África do Sul: A parte sul de África. A fauna contém 133 famílias de vertebrados. Existem avestruzes e aves secretárias.

Mamíferos; incluem a toupeira-dourada, o musaranho-elefante, os ratos saltadores, o aardvark e os ratos-toupeira nus que levam uma existência subterrânea. Malgaxe: Madagáscar, Maurícia, Seicheles e ilhas vizinhas. O pássaro que não voa, Dodo, parente do pombo que não voa, foi extinto em 1681 devido à caça pelo homem e à predação dos ovos por cães, porcos e macacos.

4.4.2. Neogeana (Novo Mundo)

Estes reinos incluem o Neárctico (América do Norte), a Gronelândia e a América do Norte até ao México, o Neotropical (América do Sul), a América do Sul e o sul do México. Huxley (1868), agrupou as diferentes regiões em 3 divisões, como se segue: Neogea (Neotropical), Notogea (Australiana), e Arctogea (Resto do Mundo). Wallace (1876), que é considerado o pai da zoogeografia moderna, concordou com a classificação de Sclater, mas propôs o nome de regiões orientais em vez de indianas e africanas em vez de etíopes, porque os nomes anteriores representavam países e não as regiões zoogeográficas. A classificação moderna das massas terrestres em regiões, amplamente aceite, é a seguinte, baseada em Wallace (1876) e Darlington (1957): o reino Megagea inclui quatro regiões: Paleártica (Europa, Rússia, Mediterrâneo), Neárctica (América do Norte até meio do México).

5. Biogeografia das ilhas

5.1. Ilhas oceânicas versus ilhas continentais

As ilhas oceânicas são aquelas que sobem à superfície a partir dos fundos das bacias oceânicas. As ilhas continentais são simplesmente partes não submersas da plataforma continental que estão rodeadas por água. Muitas das maiores ilhas do mundo são do tipo continental. Qualquer área de terra mais pequena do que um continente e rodeada de água é uma ilha oceânica. As ilhas podem ocorrer em oceanos, mares, lagos ou rios. Um grupo de ilhas é designado por arquipélago. As ilhas podem ser classificadas como continentais ou oceânicas (Antoine Benard, 2017).

5.1.1. Ilha oceânica

As ilhas oceânicas são aquelas que sobem à superfície a partir do fundo das bacias oceânicas. As ilhas que se erguem do fundo das bacias oceânicas são vulcânicas. A lava acumula-se em enormes espessuras até que finalmente se projecta acima da superfície do oceano. As pilhas de lava que formam Hawi elevam-se até 9.700 metros acima do fundo do oceano. A segunda maior ilha do mundo, a Nova Guiné (309 000 milhas quadradas ou 800 000 quilómetros quadrados), faz parte da plataforma continental australiana e está separada desta apenas pelo estreito de Torres, muito pouco profundo e estreito (Antoine Benard, 2017). As ilhas oceânicas são geralmente colonizadas apenas por algumas formas animais, principalmente aves marinhas e insectos. Estão frequentemente cobertas por uma vegetação abundante, cujas sementes foram transportadas, por exemplo, pelas correntes de ar e de água ou pelas aves; mas a variedade vegetal é relativamente limitada (figura 5).

Figura 5: Nova Guiné
Fonte: Benard (2018)

5.1.2. Ilha continental

As ilhas continentais são ilhas não submersas da plataforma continental rodeadas de água. Muitas das maiores ilhas do mundo são do tipo continental. Por exemplo, a Gronelândia (840.000 milhas quadradas ou 2.175.000 km2) é a maior ilha, composta

pelos mesmos materiais que o continente adjacente, a América do Norte, que está
separada por um mar raso e estreito (Zwally, 2002).

5.2. Colonização de ilhas por animais

O sucesso de qualquer colonização de um ambiente depende em grande medida da
disponibilidade de espaço ecológico, embora as oportunidades desempenhem um papel
importante. A importância do espaço ecológico disponível é ilustrada nos arquipélagos
isolados que se formam em série, alguns de forma linear, à medida que emanam de um
hotspot oceânico. Existe geralmente uma forte tendência para a colonização mais
recente em direção às ilhas mais jovens (Wagner e Funk, 1995), o que significa que o
espaço ecológico é preenchido por animais e não necessita de mais colonização.

5.3. Evolução e extinção nas ilhas

O padrão de acumulação de espécies em ilhas oceânicas depende da taxa de evolução
relativa à frequência de colonização das ilhas, sendo que os casos extremos conduzem a
uma extensa radiação adaptativa como resultado da evolução in situ com adaptação
associada para ocupar o espaço ecológico disponível. Em ilhas remotas, a frequência de
colonização torna-se cada vez mais rara. Como resultado, a biodiversidade das ilhas
remotas surgiu, em grande parte, através da evolução e adaptação dos poucos
colonizadores iniciais (Rosmery e Gillespie, 2007). As ilhas sofreram taxas de extinção
muito mais elevadas do que os continentes (Steadman, 1995). Das cerca de 100 espécies
de aves terrestres conhecidas nas ilhas havaianas, quase 75% das espécies presentes
aquando do primeiro contacto humano desapareceram completamente e muitas das que
sobreviveram estão em perigo de extinção (James, 1995).

5.4. Efeito da dimensão da ilha e do grau de isolamento

O aumento do tamanho da ilha afectou a riqueza de espécies principalmente através de
um aumento da variedade de nichos e do tamanho da população, enquanto o isolamento
diminuiu a riqueza de espécies ao reduzir o número de potenciais colonizadores que se
dispersam na ilha (Arthur e Wilson, 1967; Rosenzweig, 1995).

6. Biogeografia e conservação

O objetivo geral da biogeografia da conservação é contribuir para os fundamentos científicos da tomada de decisões em matéria de conservação, mas é importante reconhecer que a nossa ciência é produzida em contextos culturais específicos e que haverá sempre um debate sobre as propriedades da natureza que nós, enquanto sociedade, queremos promover. Por exemplo, podemos querer enfatizar a salvação das espécies da extinção como o objetivo principal, prestando menos atenção aos conjuntos e paisagens em que ocorrem. A importância de conjuntos faunísticos intactos é o significado estético e cultural das paisagens, a saúde dos ecossistemas, os serviços ecossistémicos ou a integridade biótica. Estas diferenças de ênfase estão ligadas a uma diversidade semelhante de valores sociais que motivam as acções de conservação em muitas nações, especialmente a nível local, mas também a nível global (Ladle e Whittaker, 2011).

6.1. Práticas iniciadas pelo homem que necessitam de medidas de conservação

De acordo com a União Internacional para a Conservação da Natureza e dos Recursos Naturais (UICN, 1980), a Estratégia Mundial de Conservação tem como objetivo alcançar os processos ecológicos essenciais e os sistemas de suporte de vida, a preservação da diversidade genética, a utilização sustentável das espécies e dos ecossistemas, os requisitos prioritários dos processos ecológicos e de suporte de vida, a diversidade genética e a utilização sustentável dos recursos naturais.

6.2. Abordagens ao planeamento da conservação

As abordagens ao planeamento da conservação consistem no planeamento da conservação com base nas espécies, no planeamento da conservação com base no habitat e na abordagem mista. A abordagem mista é a melhor abordagem que integra os dois tipos de planeamento da conservação (Guia IBESS, 2015).

6.2.1. Planeamento da conservação com base em espécies

Abordagem baseada nas espécies (*In situ*) - centra-se na conservação das espécies no seu habitat natural. CITI (Conservation on International Trade in Endangered Species of

Wild Fauna and Flora). Espécie emblemática: uma espécie escolhida para angariar apoio para a conservação da biodiversidade num determinado local ou contexto social. Exemplo: O lince euro-asiático como espécie emblemática de uma área protegida na Polónia. Espécie-chave - Uma espécie-chave é um organismo do qual outros organismos dependem num grau tão elevado que o seu ambiente local se alteraria significativamente se a espécie-chave desaparecesse. Exemplo: a abelha melífera. Se a abelha desaparecesse, poderia desequilibrar todo o seu habitat. O seu desaparecimento significaria que o papel importante que desempenha, como a polinização das flores, deixaria de ser desempenhado, e uma longa cadeia de outros organismos seria gravemente afetada (Guia IBESS, 2015).

6.2.2. Planeamento da conservação com base no habitat

Abordagem baseada no habitat (*ex situ*) - melhorar a probabilidade de sobrevivência das espécies retirando-as do seu habitat e criando-as em cativeiro para as reintroduzir na natureza no futuro. A reprodução em cativeiro e os jardins botânicos zoológicos e os bancos de sementes estão envolvidos (Guia IBESS, 2015).

6.2.3. Reintrodução de espécies

A reintrodução é o movimento intencional e a libertação de um organismo dentro da sua área de distribuição indígena, da qual desapareceu. A reintrodução tem por objetivo restabelecer uma população viável da espécie focal na sua área de distribuição indígena (IUCN, 2013). De acordo com a IUCN (2013), as técnicas de reintrodução de espécies incluem (i) reforço e reintrodução dentro da área de distribuição indígena de uma espécie e (ii) translocação a partir da população existente.

6.2.4. Recuperação ambiental

A recuperação ambiental inicia ou acelera a recuperação de um ecossistema que tenha sido , danificado ou contaminado pela atividade humana ou por agentes naturais. Os projectos de recuperação ambiental podem centrar-se na restauração do ambiente ou na atenuação dos impactos ambientais negativos de outros projectos ou acções (Juan *et al.*, 2014). De acordo com Juan *et al.*, (2014), a maioria das técnicas de restauro inclui um levantamento topográfico da área a ser restaurada e a sua avaliação ambiental da área. Estes incluem: clima, solo e paisagem, etc.

CAPÍTULO DOIS

EVOLUÇÃO E PADRÃO DE DISTRIBUIÇÃO DO NYALA DA MONTANHA (*TRAGELAPHUS BUXTONI*)

1. Introdução

1.1. Contexto do estudo

Historicamente, em todo o continente africano, as populações de animais selvagens têm estado a diminuir rapidamente devido ao abate de árvores, guerras civis, caça, poluição, caça furtiva e outras interferências humanas (Bakerova *et al.*, 1991). O nyala da montanha é uma das espécies em perigo de extinção destes mamíferos. Estão em vigor vários programas de conservação para ajudar as espécies ameaçadas na Etiópia. Em 1966, foi criado um grupo chamado The Ethiopian Wildlife and Natural History Society (Sociedade Etíope de Vida Selvagem e História Natural), que se dedica ao estudo e promoção dos ambientes naturais da Etiópia, bem como à divulgação dos conhecimentos adquiridos e ao apoio à legislação de proteção dos recursos ambientais (Humber e David 1996).

Em 1991, registaram-se distúrbios generalizados na Etiópia, durante os quais foram mortos vários nyalas de montanha e a população do Parque Nacional das Montanhas de Bale desceu para 150 (Woldegebriel Gebre Kidan, 1996; Yosef Mamo e Afewerk Bekele, 2011, Befikadu Refera e Afework Bekele, 2004), o que constituiu o número mais baixo registado na história do parque. Em 2003, a população estimada de nyala de montanha no BMNP era de 909 indivíduos, tendo aumentado para 964 em 2004 e diminuído para 915 em 2005 (Yosef Mamo e Afewerk Bekele, 2010). A perda, fragmentação e degradação do habitat constituem ameaças diretas às espécies selvagens em todo o mundo. Impulsionada pelo crescimento da população humana, pelo consumo insustentável de recursos naturais e por políticas que não valorizam plenamente a biodiversidade, a destruição do habitat é amplamente aceite como a principal causa das taxas de extinção da vida selvagem nas últimas décadas (Myers *et al.*, 2000). Assim, este estudo de caso é utilizado para avaliar a adaptação, evolução e distribuição do nyala da montanha (*Tragelaphus buxtoni*).

2. Origem do nyala da montanha (*Tragelaphus buxtoni*)

A sua área de distribuição anterior estendia-se desde o Monte Gara Muleta, a leste, até Shashamene e a zona norte de Bale, a sul. Trata-se de um antílope de grandes dimensões, encontrado em florestas de altitude numa pequena parte da Etiópia Central. Trata-se de uma espécie monotípica (sem subespécies identificadas), descrita pela primeira vez pelo naturalista inglês Richard Lydekker em 1910. Existem várias espécies aparentadas de *Tragelaphus* que podem ser os possíveis antepassados do *T.buxtoni*. Estas incluem: O kudu maior (*Tragelaphus strepsiceros*), o nyala da montanha (*Tragelaphus buxtoni*), o bongo (*Tragelaphus eurycerus*), o sitatunga (*Traglaphus spekii*), o corço do sul (*Traglaphus silvatcus*) e o corço do norte (*Traglaphus csriptus*).

Grande kudu (*Tragelaphus strepsiceros*): O grande kudu é um antílope florestal de grande porte, encontrado em toda a África Oriental e Austral. Apesar de ocupar um território tão vasto, a sua população é escassa na maior parte das zonas devido ao declínio do habitat, à desflorestação e à caça furtiva, Figura 6, (Oddie, Bill 1994).

Fig **6: Grande kudu** (*Tragelaphus strepsiceros*) **. Fig7: Nyala da montanha** (*Tragelaphus buxton*

Imagem: https://en.wikipedia.org/wiki/Greater_kudu https://animalia.bio/mountain-nyala

O bongo (*Tragelaphus eurycerus*): é um antílope de hábitos predominantemente noturnos, que habita as florestas e é originário da África subsariana. Os bongos caracterizam-se por uma impressionante pelagem castanho-avermelhada, marcas pretas e brancas, riscas branco-amarelas e chifres longos e ligeiramente espiralados. É o único tragláfio em que ambos os sexos têm chifres. Os bongos têm uma interação social complexa e encontram-se em mosaicos de florestas densas africanas. São o terceiro maior antílope do mundo (Richard,2021) (figura 10).

Figura 8: Bongo, (*Tragelaphus eurycerus*)
spekii)
https://en.wikipedia.org/wiki/Bongo_(antelope)
(antelope)

Figura 9: Sitatunga (*Traglaphus*
https://en.wikipedia.org/wiki/Bongo
(antelope)

O Sitatunga (*Tragelaphus speki*): é por vezes designado por pato do pântano (Hugh,1911). É um antílope de tamanho médio que vive nos pântanos e que se encontra em toda a África Central, centrando-se na República Democrática do Congo, Cameron, Sudão do Sul, Guiné Equatorial, Burundi, Gana, Botsuana, Ruanda, Namíbia, Gabão, República Centro-Africana, Tanzânia, Uganda e Quénia. O Sitatunga está maioritariamente confinado a habitats pantanosos e alagadiços. Aqui ocorrem em vegetação alta e densa, bem como em pântanos sazonais, clareiras pantanosas em florestas, matagais ribeirinhos e mangais. O Sitatunga é um antílope anfíbio (o que significa que pode viver tanto em terra como na água) confinado a habitats pantanosos e pantanosos (Dudgeon, 2008) (Figura 9).

O pato-do-cabo (*Traglaphus silvatcus*): também conhecido como imbabala, é uma espécie de antílope comum, de tamanho médio e muito difundida na África Subsariana. Encontra-se numa grande variedade de habitats, como florestas tropicais, mosaicos de floresta-savana, savanas e bosques (Moodley, Y.*et al.*, 2009). A espécie endémica da Etiópia, conhecida por Menelik's bushbuck ou *decula* (Figura 10), foi classificada como uma espécie do grupo *scriptus* em oposição a Woodley. No caso do Tragelaphus, estas "espécies" baseiam-se sobretudo na geografia e na pelagem, por oposição à genética (Groves e Grubb, 2011). Hassanin *et al.*,(2018), publicaram um estudo filogenético molecular que forneceu suporte para as espécies *scriptus* e *sylvaticus*, com um tempo de divergência de pelo menos 2 milhões de anos, embora com considerável diversidade genética dentro de cada um desses grupos (Hassaninet *al.*,2018).

Figura 10: Alce do Cabo (Sul) Figura 11: Alce do Cabo (Norte))
(*Traglaphus silvaticus*) (*Traglaphus scriptus*)

https://en.wikipedia.org/wiki/Cape_bushbuck.
https://animaldiversity.org/accounts/Tragelaphus_scriptus/.

A espécie de arbito do norte (*Traglaphus scriptus*): é um antílope de tamanho médio, muito comum na África subsariana (figura 11). A espécie de arbito do norte foi separada do arbito do cabo, uma espécie do sul e do leste (Moodley *et al., 2009*), 2009). O pato do norte distribui-se no Senegal, Gâmbia, Guiné, Serra Leoa, Gana e na bacia do Níger, na Nigéria, até ao leste do rio Cross, a sul das terras altas de Bamenda, através dos Camarões, Chade, República Centro-Africana até ao Nilo, no sul do Sudão e no norte do Uganda, Gabão, República do Congo, República Democrática do Congo até ao norte de Angola (Moodley *et al.*, 2009).

3. Classificação

O nyala da montanha (*Tragelaphus buxtoni*) foi classificado na classe dos mamíferos, ordem artiodactlya, família Bovidae, subfamília Bovinae, género Tragelaphus, espécie *buxitoni*. Não foram identificadas subespécies dos animais (Lydekker, 1910).

Quadro 2: Classificação moderna do nyala da montanha (*Tragelaphus buxtoni*)

Reino Unido	Filo	Classe	Encomenda r	Família	Subfamíli a	Género	Espécies
Animália	Chordata	Mamíferos	Artiodáctilos	Bovídeos	Bovinae	Tragelaphus	T.Boxtuni

Fonte: (Lydekker, 1910)

4. Árvores filogenéticas das espécies de Tragelophus

No género Tragelaphus, tem havido muita especulação sobre qual a espécie que é o parente mais próximo do nyala da montanha. Em 1998, o Laboratório de Sistemática Molecular do Museu Smithsonian de História Natural efectuou uma análise filogenética em árvore (PTA) do nyala da montanha a partir de amostras enviadas por um caçador e comparou as sequências de citocromos de outras espécies de Tragelaphus adquiridas do Gen Bank (Braun, 1988; GenBank, 1998). Os resultados da análise mostraram que as espécies do género Tragelaphus podem ser divididas em dois grupos significativos (o Bongo, Sitatunga e bushbuck; e o eland e o kudu maior) com o nyala da montanha colocado centralmente entre eles. Uma genealogia semelhante de antílopes com chifres em espiral foi descrita mais recentemente por Kingdon (1997) (Figura 12).

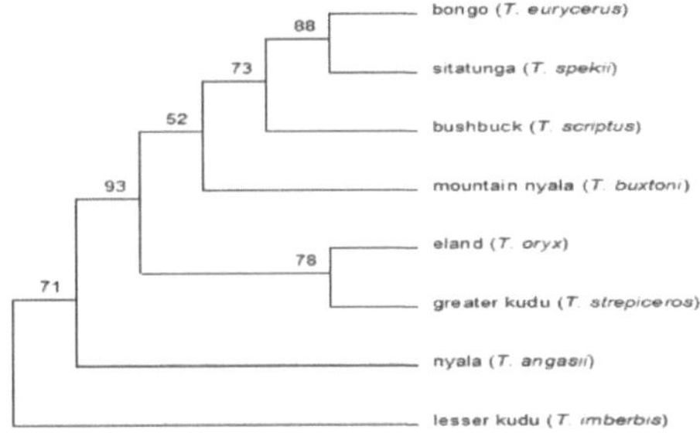

Figura 12: Árvores filogenéticas das espécies de Tragelophus
Fonte: (Braun, 1998)

5. História evolutiva

As evoluções surgem após as adaptações. A expressão das adaptações está sujeita à evolução. A teoria da evolução de Darwin afirma que as espécies continuam a evoluir ou a mudar com o tempo. À medida que o ambiente muda, as necessidades de um organismo também mudam e ele adapta-se ao novo ambiente. Este fenómeno de mudança ao longo de um período de tempo, de acordo com as exigências naturais, é designado por adaptação. Segundo Charles Darwin, a evolução é um processo muito lento e gradual. Ele concluiu que a evolução teve lugar durante um período de tempo muito longo. O período de tempo da evolução refere-se geralmente a milhares de milhões de anos. A coloração e as marcas do nyala da montanha são adaptações para se esconder, semelhantes às de outros antílopes da floresta e dos bosques, enquanto que a caraterística chevron e a juba encontradas nos machos estão provavelmente associadas à comunicação intra-específica (Endler, 1978; Stoner *et al.*, 2003).

Árvores filogenéticas de espécies de Tragelophus (Braun, 1998), mostraram que as espécies do género Tragelaphus podem ser divididas em dois grupos significativos (o bongo, sitatunga e bushbuck; e o eland e o kudu maior) com o nyala da montanha colocado centralmente entre eles (Braun, 1988; GenBank, 1998). Isto mostra que eles tiveram um antepassado comum e evoluíram para espécies diferentes.

6. Distribuição geográfica do nyala da montanha (*Tragelaphus buxtoni*)

6.1. Biogeografia histórica

O nyala da montanha (*Tragelaphus buxtoni*), uma espécie de antílope que só existe na Etiópia, foi inicialmente descoberto por (Ivor Buxton, 1908). Após a sua descoberta, Richard Lydekker, do South Kensington Museum, identificou pela primeira vez a espécie como um tipo de kudu maior (*Tragelaphus strepsiceros*) num artigo intitulado "The spotted Kudu" (Lydekker, 1910). As peles e os cornos foram enviados para Rowland Ward, em Londres, que informou Lydekker de que o espécime era efetivamente uma nova espécie de antílope ainda não documentada pela ciência ocidental. Lydekker escreveu vários artigos descritivos sobre a nova espécie (Lydekker, 1910a, b, 1912); no entanto, o Nyala da montanha recebeu pouca atenção da comunidade científica até à expedição de Leslie Brown à Etiópia em inícios da década de 1960 (Brown, 1963). Brown fez várias viagens à Etiópia e o seu trabalho ainda é considerado a literatura mais detalhada publicada sobre o Nyala da montanha (Brown, 1963, 1966, 1969a).

Os espécimes do Major Buxton (nyala da montanha) foram colhidos em 1908 "a sudeste do Lago Zweion, no Planalto Arsi", presumivelmente nas Montanhas Galama (Lydekker, 1910a). Outras expedições de caça iniciais de M.C. Albright, G. Sanford e S. Legendre e Major Maydon também tiveram lugar nas Montanhas Galama e foram as primeiras a relatar a ocorrência de nyala de montanha no Monte Chilalo, Monte Kaka, Monte Encuolu e na Floresta Albasso a noroeste de Ticho (Sanford & Legendre, 1930; Wieland 1995). Antes da década de 1960, acreditava-se que estes cumes e cones vulcânicos eram os únicos locais onde se encontravam populações de nyalas de montanha. A rápida degradação das terras altas de Galama, causada por queimadas e cultivo, era evidente e, em 1961, Donald Carter recomendou que a espécie fosse listada como ameaçada pela União Internacional para a Conservação da Natureza e dos Recursos Naturais (atualmente denominada IUCN; Brown, 1969a).

Em resposta ao estatuto de ameaça de extinção do nyala da montanha, Leslie Brown fez duas viagens à Etiópia na década de 1960 em busca de outras populações potenciais ainda por descobrir (Brown, 1963, 1966, 1969a). A sua primeira viagem foi em 1963, através das Montanhas Mendabo (atualmente consideradas parte das Montanhas Bale), começando em Dodola, atravessando as terras altas do sul e terminando em Adaba. A sua segunda viagem, em 1965 e 1966, incluiu expedições ao Monte Boset (perto da Floresta Estatal de Munessa-Shashamane), às Montanhas Mendabo, às Montanhas Galama (incluindo o Monte Kaka e o Monte Badda) e a Asbe Teferi (presumivelmente o que é atualmente a Reserva de Vida Selvagem de Kuni-Muktar). Brown foi o primeiro a efetuar um levantamento do nyala da montanha a esta escala, e as suas avaliações resultaram na remoção do nyala da montanha da lista de espécies ameaçadas da IUCN de 1969 a 1975.

Desde então, apenas alguns estudos científicos do nyala de montanha foram efectuados, principalmente no Parque Nacional das Montanhas de Bale (BMNP) onde uma população densa pode ser facilmente observada perto da sede do Parque e do Vale de Gaysay adjacente (Hillman, 1985, 1986; Woldegebriel Gebre Kidan, 1996; Stephens *et al.*, 2001). Assim, o estudo preocupa-se com a evolução e o padrão de distribuição do nyala da montanha no BMNP.

O Parque Nacional das Montanhas de Bale (BMNP) é um parque nacional da Etiópia, localizado no estado regional de Oromia. As montanhas de Bale estão situadas nas terras altas do sudeste da Etiópia, geograficamente separadas das terras altas ocidentais e centrais do país pelo Vale do Rift. O parque abrange uma área de aproximadamente 2 150 km2 (830 milhas quadradas) nas montanhas de Bale e no planalto de Saneti, nas terras altas da Etiópia. O Parque contém uma paisagem que varia entre 1500 m e 4377 m acima do nível do mar (Yalden 1983). As temperaturas variam muito em todo o Parque e registam poucas flutuações ao longo do ano. A 3000 m de altitude, a temperatura média mensal é próxima dos 10 C em todos os meses. A floresta encontra-se acima dos 2700 m, particularmente nas noites sem nuvens da estação seca. No planalto, as temperaturas diurnas rondam os 5°C (41°F), embora os ventos sejam implacáveis e possam descer abaixo de zero à noite (Malcolm e Evangelista 2005). A precipitação anual varia de 600 a 1.150 mm, aumentando com a altitude até 3.850 m, após o que começa a diminuir novamente (Marino, 2003).

6.2. Distribuição

Sabe-se que o nyala de montanha só ocorre no lado leste do Vale do Rift, na Etiópia, delimitado pelas Montanhas Chercher (Ahmar), a norte, pelas Montanhas Arsi, que são a cordilheira central do nyala de montanha e que se situam a leste dos lagos do Vale do Rift, e pelas Montanhas Bale, a sul (Figura 13).

6.2.1. Montanhas Chercher (Ahamar)

As Montanhas Chercher são a cordilheira mais a norte da montanha nyala. As montanhas começam a cerca de 40 km a nordeste dos lagos do Vale do Rift e estendem-se para leste em direção à antiga cidade de Harar. A maior parte dos picos das montanhas está ocupada por povoações humanas, agricultura e outras actividades de utilização do solo. Atualmente, as populações de nyala das montanhas são escassas, em grande parte devido à perda de habitat disponível e ao aumento da população humana. Apenas duas áreas nas Montanhas Chercher são conhecidas por terem populações de nyala de montanha: Kuni-Muktar e Din Din (Anagaw Atickem, 2015).

A Reserva de Vida Selvagem de Kuni-Muktar consiste em duas pequenas áreas florestais que se situam acima da aldeia de Kuni. A floresta de Muktar fica a leste da aldeia (Figura 13) e a floresta de Sobaly- Jelo fica a oeste (East, 1999). Em 1990, Kuni-Muktar foi fechada à caça e designada como reserva de vida selvagem pela EWCD. Em 1996, a caça furtiva, a desflorestação e o desenvolvimento agrícola tinham degradado gravemente o habitat e os relatórios indicavam que os nyalas da montanha já não estavam presentes (East, 1999). No entanto, em 2003, a EWCD efectuou um levantamento dos nyalas de montanha, confirmando a sua persistência (Kebede, comunicação pessoal, 2006). As populações de nyalas de montanha em Kuni-Muktar parecem estar a aumentar, o que pode ser o resultado de dois programas facilitados pelo ORLDNRD. O primeiro foi um programa de realojamento que deslocou aproximadamente 30.000 pessoas da área entre 2001 e 2004. A população humana em torno de Kuni está atualmente estimada em cerca de 7.500 agregados familiares (Muktar, comunicação pessoal, 2005). O segundo programa é um esforço de reflorestação iniciado em 2004, quando 77 ha de *Juniperus procera* foram plantados nos campos agrícolas desocupados em Muktar Teretera e 980 ha de *Juniperus procera*,

Casuarina equisetifolia, Hagenia abyssinica, Grevillea robusta e *Olea africana* foram plantados em Sobaly-Jelo Teretera.

6.2.2. Montanhas Arsi

As Montanhas Arsi são a cordilheira central do nyala da montanha e situam-se a leste dos lagos do Vale do Rift. As áreas que se sabe que os nyalas de montanha habitam são as terras altas do norte (que incluem Arba Gugu e a proposta de Werganbula), a Área Prioritária Florestal Galama-Chilalo (FPA), o Monte Kaka e a Floresta Estatal Munessa-Shashamane. A altitude destas áreas varia entre 2.000 e 4.300 m, com uma precipitação média anual superior a 1.000 mm. Arba Gugu situa-se a cerca de 100 km a sudoeste de Din Din. Embora seja considerada parte das Montanhas Arsi, pode argumentar-se que faz parte das Montanhas Chercher. As elevações em Arba Gugu variam entre 2.000 e 3.600 m e cobrem uma área de aproximadamente 225 km². A área está consideravelmente ameaçada pela invasão humana e o pastoreio sazonal de gado é predominante. As Montanhas Galama constituem a maior porção do maciço de Arsi, cobrindo uma área de 1.200 km². As Montanhas Galama têm três picos proeminentes: O Monte Chilalo, a noroeste, o Monte Badda, a norte, e o plugue Boraluku, localizado na região centro-norte (Anagaw Atickem, 2015).

6.2.3. Montanhas de Bale

A população mais proeminente de nyala da montanha encontra-se no BMNP, que foi estabelecido em 1970 por recomendação de Brown (1969b). A área de distribuição do nyala cobre cerca de 70% do BMNP, embora a densidade populacional seja geralmente baixa na maioria dos lugares e extremamente alta em algumas regiões isoladas. As maiores concentrações de nyala da montanha encontram-se perto da sede do parque e em algumas manchas fragmentadas de floresta fora da cidade de Dinsho, adjacente ao Vale de Gaysay. Devido à sua acessibilidade, estes nyalas de montanha foram estudados mais intensivamente do que quaisquer outros (Hillman, 1987; Stephens *et al.*, 2001; Befikadu Refera e Afewerk Bekele, 2004). O nyala de montanha encontrado na sede do parque e no Vale de Gaysay tem densidades populacionais anormalmente elevadas que limitam a qualidade do habitat e a forragem disponível. As áreas também estão sujeitas à presença contínua de pessoas e animais domésticos. Outra população significativa de nyala de montanha no BMNP encontra-se nas elevações superiores da floresta de Harenna (também considerada parte da escarpa sul das montanhas de Bale). As terras altas do noroeste das Montanhas Bale têm densidades variáveis de nyala de montanha. A área foi outrora conhecida como as Montanhas Mendabo e foi estudada por Brown em 1963 e 1965 (Brown 1969a) .

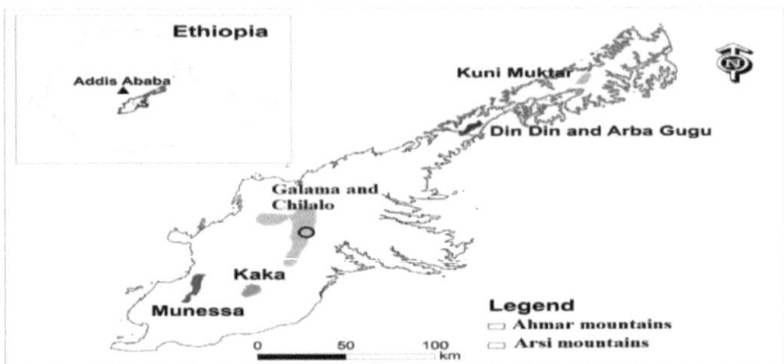

Figura 13: Distribuição do nyala da montanha (*Tragelaphus buxtoni*)
Fonte: Anagaw Atickem (2015).

6.4. Factores que afectam a distribuição do nyala da montanha

Vários factores afectam a distribuição do nyala da montanha (*Tragelaphus buxtoni*). Estes incluem: impacto humano e do gado no parque nacional, fogo, caça e predadores. Todos estes factores afectam a distribuição e o tamanho da população (Anagaw Atickem, 2015).

6.4.1. Impacto humano e pecuário no parque nacional

O número de cabeças de gado que pastam à volta das montanhas de Bale é superior ao do nyala da montanha (Anagaw Atickem, 2015). O nyala da montanha é um navegador (Yalden & Largen, 1992; Gagnon &Chew, 2000) e, estudos nas pastagens do norte das montanhas de Bale revelam que o nyala da montanha é um alimentador misto e as fêmeas são mais viradas para o pastoreio (Anagaw Atickem e Loe, 2013). Isto torna o nyala da montanha sensível à pressão do pastoreio do gado e estudos já mostraram que o pastoreio do gado pode afetar a existência da espécie (Anagaw Atickemand Loe, 2013).

6.4.2. Incêndio

Anagaw Atickem (2015) descreveu que o número de cabeças de gado que pastam à volta das montanhas de Bale é superior ao número de nyalas no parque. Assim, durante as estações secas, para alimentar o seu gado, a população local começa a queimar as pastagens para obter forragem fresca. Os incêndios descontrolados destruirão a floresta que é o lar e o habitat do nyala da montanha e poderão matar uma grande quantidade de animais selvagens. Isto pode resultar na redução do número de nyalas da montanha. Por exemplo, em 1908, a Montanha de Galama, que fica a cerca de 720 km 2 das terras altas, esteve sob fogo que destruiu 46% dos arbustos de Erica (Lydekker, 1910). A Montanha de Galama foi a área onde as populações de nyala da montanha foram relatadas pela primeira vez durante a pesquisa de 1969 por Brown (1969).

6.4.3. Caça

Como Evangelista *et al.*, (2007), descreveu, na década de 1980, a caça de safari foi vagamente regulamentada, e a caça só exigia uma licença e quotas anuais. De acordo com Anagaw Atickem (2015), embora não haja registo de detalhes, a população de nyala da montanha na região tem estado sob concessões de caça de troféus. Com o atual habitat degradado e a pequena população de nyala da montanha, é evidente que um número tão substancial de caça de troféus tem pouco efeito sobre a conservação da espécie. O alto valor de conservação atraente do nyala da montanha na região (Evangelista *et al.*, 2007), deve ser revisto para uma melhor estratégia de gestão. Os efeitos a longo prazo da caça de troféus precisam de ser estudados com base na dinâmica populacional e no sucesso reprodutivo da população. A concessão de caça de troféus no habitat bem protegido do nyala de montanha suporta a maior população de nyala de montanha na área (Anagaw Atickem *et al.*, 2011; Anagaw Atickem e Loe, 2013). Este paradoxo deve-se à diferença de sistemas de gestão entre as empresas de caça de troféus. A Autoridade Etíope de Conservação da Vida Selvagem (EWCA) efectua uma monitorização anual para avaliar o tamanho da população de nyala que será usada como base para a atribuição de quotas (Evangelista *et al.,* 2007).

6.4.4. Predadores

Os predadores da nyala de montanha incluem: leopardo (*Panther pardus*), hiena manchada (*Crocuta crocuta*) e leão (*Panthera Leo*). O leopardo é o principal predador potencial do nyala da montanha. Durante a rapina, o nyala pode "tossir" ao aperceber-se de uma ameaça potencial, ou emitir um latido baixo se a ameaça for mais grave. Os leopardos são mais susceptíveis de matar animais jovens, uma vez que os adultos são maiores do que um leopardo normalmente atacaria, mas devido à abundância de outras presas mais pequenas, o número de nyalas de montanha capturadas por esta espécie é baixo (Brown,1969b). Os predadores mais pequenos, como o serval (*Leptailurus serval*) e os chacais (*Canis adustus*) podem matar uma cria ocasionalmente, mas não são provavelmente uma presa importante (Brown, 1969b).

7. Ameaças e estado de conservação

As principais ameaças à sobrevivência do nyala da montanha incluem a caça ilegal, a destruição do habitat, a invasão pelo gado, a predação das crias por cães, a expansão do cultivo nas montanhas e a construção em grandes altitudes (Bussmann *et al.*,2011; Afewerk Bekele, 2011). O animal é amplamente caçado pelos seus chifres e pela sua carne. A carne é utilizada na medicina local e os chifres para fazer tetinas para os biberões de leite tradicionais. O impacto dos programas de caça aos troféus é obscuro e a atual quota de caça aos troféus pode ser insustentável a longo prazo, embora, se bem regulamentada, a caça aos troféus possa desempenhar um papel importante na gestão a longo prazo desta espécie (IUCN, 2017).

Embora a proteção legal tenha sido plenamente assegurada para esta espécie, a sua aplicação não tem sido tão eficaz. Em 1991, registaram-se distúrbios generalizados na Etiópia, durante os quais foram mortos vários nyalas de montanha e a população do Parque Nacional das Montanhas de Bale desceu para 150 (Woldegebriel-Gebre Kidan, 1996; Yosef Mamo e Afework Bekele, 2011; Befikadu Refera e Afework Bekele, 2004), o número mais baixo registado na história do parque. O tamanho estimado da população de nyala de montanha no BMNP em 2003 era de 909, em 2004 aumentou para 964 mas diminuiu para 915 em 2005 (Yosef Mamo e Afework Bekele, 2010).

8. Conclusão

Antes da formação das placas tectónicas, os organismos viviam na mesma massa de terra, o que se designa por centro de origem. Mais tarde, após a separação das massas terrestres pela tectónica de placas, as mesmas espécies de organismos separaram-se da massa terrestre e começaram a adaptar-se ao novo ambiente, evoluindo para espécies diferentes. As aves que não voam nas bordas vizinhas dos continentes, a avestruz em África, o Tinamous, o Rheas e o Tnamous na América Latina e a ema na Austrália são um dos indicadores da realidade da tectónica de placas.

Muitas espécies de antílopes estão distribuídas em África e em todo o mundo. Existem semelhanças fisiológicas e morfológicas entre as espécies do género Tragelaphus. Entre os antílopes africanos, o nyala da montanha (*Tragelaphus buxtoni*) é endémico da Etiópia. Tem mais semelhanças morfológicas e fisiológicas com o grande kudu (*Tragelaphus strepsiceros*), que se encontra no sudeste de África. A sua árvore filogenética situa-se entre o grande kudu e o dorso do arbusto.

Cada um deles tem adaptações únicas para se esconder no seu ambiente. A distração do habitat pelo homem e o pastoreio por animais de criação dentro e à volta do Parque Nacional da Montanha de Bale (BMNP) perturbaram o nyala da montanha (*Tragelaphus buxtoni*). Além disso, se o número de predadores como leopardos, gatos selvagens e raposas aumentasse, o nyala da montanha teria diminuído mais rapidamente. A distribuição do nyala da montanha (*Tragelaphus buxtoni*) é restrita ao interior e à volta do PNBM, o que pode levar à extinção ou à deriva genética da espécie. A deriva genética, que é a alteração da frequência de uma variante genética existente na população devido ao acaso, pode fazer com que as variantes genéticas desapareçam completamente, reduzindo assim a variação genética.

A tectónica de placas que separou o centro de origem, a Terra, da mesma massa terrestre em diferentes continentes no passado continua a acontecer em África. O terramoto na zona de Awash Fentale, na Etiópia, está a abalar edifícios da capital, Adis Abeba, a 230 km de distância. Isto irá separar as massas de terra de África em diferentes continentes, juntamente com as suas espécies e recursos naturais.

9. Recomendações

A recuperação ambiental inicia e acelera a recuperação de um ecossistema que foi degradado, danificado ou contaminado pela atividade humana ou por agentes naturais em todos os continentes. Os projectos de recuperação ambiental são recomendados, podendo centrar-se na recuperação do ambiente ou na atenuação dos impactos ambientais negativos de outros projectos ou acções. No entanto, devem ser dadas prioridades aos organismos listados como espécies ameaçadas de extinção, como o nyala da montanha, a fim de os salvar da extinção.

O nyala da montanha (*Tragelaphus buxtoni*) é um animal endémico da Etiópia. No entanto, está apenas restrito ao BMNP. Para promover estas espécies para as próximas gerações, podem ser consideradas as seguintes recomendações.

> ➤ A conservação ex-situ deve estar presente. Isso ajuda a conservação in-situ a promover a extinção das espécies deste animal.
>
> ➤ Os programas de relocalização para outras áreas com clima e topografia semelhantes aos dos parques nacionais podem aumentar o número de nyalas da montanha (*Tragelaphus buxtoni*), em vez de restringir o número de nyalas a um só parque.
>
> ➤ O Governo etíope deve alargar os parques nacionais no país e criar zonas-tampão para os parques e reforçar as protecções.
>
> ➤ Os factores que afectam a distribuição do nyala da montanha (*Tragelaphus buxtoni*), tais como a distração do habitat, a caça, o pastoreio de animais de criação dentro e à volta do parque, o equilíbrio das relações predador-presa, as alterações climáticas (seca), podem ser considerados para conservação pelas sociedades e pelos organismos governamentais.

Referências

Anagaw Atickem& Loe L.E. (2013). Conflitos entre gado e vida selvagem nas terras altas da Etiópia: Avaliar a sobreposição alimentar e espacial entre a nyala da montanha e o gado. *Jornal Africano de Ecologia.* **52**: 343-351.

AnagawAtickem(2015). Nyala de montanha à beira do extermínio nas montanhas Arsi e Ahma da Etiópia. *Ciência ambiental.***6**: 2-8.

Anagaw Atickem, Loe L.E., Langangen Ø., Rueness E.K., Afewerk Bekele& Stenseth N.C.(2011). Estimar o tamanho da população e a adequação do habitat para o nyala da montanha em áreas com diferentes estatutos de proteção. *Animal conservation.***14**: 409-418.

Avise JC. *Filogeografia* (2000). *A história e a formação das espécies.* Cambridge, Mass: Harvard University Press, pp 134-135.

Bartee, L., Shriner, W., & Creech, C. (2017). Demografia populacional. *Princípios de Biologia.*

Befikadu Refera e Afewerk Bekele (2004). "Estado e estrutura populacional do nyal de montanha no Parque Nacional das Montanhas de Bale, Etiópia". *Jornal Africano de Ecologia.* **42**: 1-7.

Bénard, A., Woodland, A. B., Arculus, R. J., Nebel, O., & McAlpine, S. R. (2018). Variação na fugacidade de oxigênio do manto subártico durante a fusão parcial registrada em xenólitos de peridotito refratário do Arco de Bismarck Ocidental. *Chemical Geology, 486,* 16-30.

Bokhorst, S., Convey P., & Aerts, R. (2019). Entradas de nitrogênio por marinho abundância e riqueza nos ecossistemas terrestres da Antártica. *Current Biology,* **29**(10), 1721-1727.

Braun, M. J. (1998). Manuscrito não publicado, Diretor do Laboratório de Sistemática Molecular do Museu Nacional de História Natural, Smithsonian Institution, Suitland, Maryland, pp1-20.

Brown, J. H., Stevens, G. C., & Kaufman, D. M. (1996). The geographic range: size, shape, boundaries, and internal structure. *Annual review of ecology and systematics*, **27**(1), 597-623.

Brown, L. (1963). A report on the mountain nyala (*Tragelaphus buxtoni*), the Semien fox (*Simensis simensis*), and other animals in the Mendobo Mountains, Bale Province, Ethiopia. *Sociedade Geográfica Real Canadiana, Ottawa*, pp 1-20.

Brown, L. (1966). A report on the National Geographic World Wildlife Fund expedition to study the mountain nyala (*Tragelaphus buxtoni*). *National Geographic Society*. **2**:1-20.

Brown, L. (1969a). Observações sobre a situação, o habitat e o comportamento do nyala da montanha *Tragelaphus buxtoni* na Etiópia. https://doi.org/10.1515/mamm.1969.33.4.545

Brown, L. (1969b). Ethiopia's elusive nyala. *http://www.academicjournals.org/IJBC*.

Brundin L. (1966). Transantarctic relationships and their significance, as evidenced by chironomid midges: with a monograph of the subfamilies Podonominae and Aphroteniinae and the Austral Heptagyiae. Kung Svenska VetenskapsakadHandl. Fonte: *SystemaDipterorum*. **11**:1-472.

Bussmann, R.W.,Swartzinsky P.; Evangelista P. (2011). "Uso de plantas em Odo-Bulu e Demero. Região de Bale. Etiópia." *Journal of Ethnobiology and Ethnomedicine*.**7**: 1-21.

Chisholm, Hugh, ed. (1911). "Marshbuck" . Encyclopædia Britannica. *Vol. 17 (11ª ed.) Cambridge University Press*, 773 pp.

Coates, A. G., & Stallard, R. F. (2013). Quantos anos tem o Istmo do Panamá? *Boletim de Ciências Marinhas*, **89**(4), 801-813.

Cox, C Barry, e Peter Moore (2005). *Biogeography: an ecological and evolutionary approach. Malden, MA: Blackwell Publications,* pp 147-169.

Coyne, J. A. (2007). Sympatric speciation. *Current Biology. 17*(18), R787-R788.Croizat L, Nelson G, Rosen DE. (1974). *Systematic Zoology. Centros de origem e conceitos relacionados.***31**:291-304.

Darlington PJ.(1957). Zoogeography. *The Geographical distribution of animals.* New York: Wiley. **57**: 100-345.

Dessalegn Ejigu e Abebe Getahun(2015). A tectónica de placas e o seu efeito na distribuição de animais em África e no continente adjacente. *LAP Lambert Academic Publishing.* **4**:7-45.

Dobson, J. E. (1992). Spatial logic in paleogeography and the explanation of continental drift (Lógica espacial na paleogeografia e a explicação da deriva continental). *Annals of the Association of American Geographers*, **82**(2), 187-206.

Dowling, R. K. (2013). Global geotourism- uma forma emergente de turismo sustentável. *Revista checa de turismo*, **2**(2), 59-79.

Dudgeon, D. (2008). *Tropical Stream Ecology (1ª ed.). Londres, Reino Unido: Academic Press.* **177**: 200-250.

Endler, J.A. (1978). A Predator's View of Animal Color Patterns. *Journal of Evolutionary Biology.* **11**: 147-169.

Estes, Richard (2021). "Bongo. "*Www.britannica.com.* Recuperado em 11 de março de 2021.

Evangelista, P., Swartzinski, P., & Waltermire, R. (2007). Um perfil do nyala da montanha (Tragelaphus buxtoni). *African Indaba*, **5(2),** 1-47.

Evans, D. A. (2013). Reconstruindo supercontinentes pré-pangeanos. *Boletim*, **125**(11-12), 1735- 1751.

Ford, L. (2000). *Coyote goes downriver: an historical geography of coyote migration into the Fraser Valley* (Dissertação de doutoramento, University of British Columbia).

Green, D. (2009). WebWise 2.0: The Power of Community. Actas da Conferência WebWise sobre Bibliotecas e Museus no Mundo Digital (9.ª, Miami Beach, Florida, março de 2009). *Instituto de Serviços de Museus e Bibliotecas*.

Groves, C.; Grubb, P. (2011). *Ungulate Taxonomy. The Johns Hopkins University Press, Baltimore, Mary Land. Journal of mamma logy, volume 94,* 317 pp.

Hallam, A. (1975). Alfred Wegener e a hipótese da deriva continental. *Scientific American, 232*(2), 88-97.

Hassanin A., Houck M. L., Tshikung D., Kadjo B., Davis H., & Ropiquet A. (2018). Filogenia multi-locus da tribo Tragelaphini (Mammalia, Bovidae) e delimitação de espécies em bushbuck: Evidências de especiação cromossômica mediada por hibridização interespecífica. *Molecular Phylogenetics and Evolution.* **129**:96-105.

Hennig, W. (1966). "*Sistemática filogenética*". *University of Illinois Press.* **9**:10-50.

Hotra, L., Kolasky, E., & Voss, J. (2003). Factores abióticos que influenciam a abundância e distribuição de malmequeres do pântano ao longo de Carp Creek.

Howard, D. J., & Berlocher, S. H. (Eds.). (1998). *Endless forms: species and speciation.* Oxford University Press, EUA.

Humber, David (1996). Projectos de Conservação na Etiópia. Obtido em 24 de maio de 2008, da African Conservation Foundation.

Guia IBESS (2015). O Guia de Sistemas e Sociedades Ambientais do Bacharelado Internacional.Organização do Bacharelado Internacional. **43**:1-89.

IUCN (2013). União Internacional para a Conservação da Natureza. Diretrizes para Reintroduções e outras Translocações de Conservação. *A união mundial de conservação.* 34: 5-34.

IUCN (1980). União Internacional para a Conservação da Natureza e dos Recursos Naturais. *Portal do ambiente e da sociedade,* pp 63-67.

Grupo de Especialistas em Antílopes da IUCN SSC (2017). *"Tragelaphus buxtoni."* Lista Vermelha de Espécies Ameaçadas da IUCN. *MDPI,* 15 pp.

Janet Browen (1983). *The secular ark:* studies in the history of biogeography [*A arca secular:* estudos sobre a história da biogeografia]. New Haven: *Yale* University *Press.*

Juan C. Santamartaa JonayNerisb, Jesica Rodríguez- Martín (2014). Restauração Ambiental. *Riscos naturais e alterações climáticas,* 57 pp.

Kingdon, J. (1997). Population Status and Trend of Water Dependent Grazers (Buffalo and Waterbuck) in the Kenya-Tanzania Borderland. *Natural Resource, vol.6,* 2 pp.

Ladle, R.J. & Whittaker, R.J. (2011).Conservation biogeography. *Wiley-Blackwell,* *Oxford.* O kudu malhado. *Portal Ambiente e Sociedade.*

Lutgens, F. K. e Tarbuck, E. J. (2005). *Foundations of Earth Science, 4th edition. Edição Internacional Pearson Prentice Hall, Londres,* 459 pp.

Lydekker, R. (1910a).The spotted kudu. *Nature.* **84**: 396- 397.

Lydekker, R. (1910b). Novo antílope *Tragelaphus buxtoni. Nature,* 85, 19 pp.

MacArthur, R. H., e Wilson, E. O. (1967). The theory of Island Biogeography. *Princeton University Press,* Princeton, 9 pp.

Malcolm, J. e Evangelista, P. (2005). The Range and Status of Mountain Nyala. *Uma editora académica,* 42 pp.

Marino, J. (2003). Spatial Ecology of the Ethiopian Wolf (*Canis simensis*). Linacre College, *Universidade de Oxford,* Oxford, Reino Unido, pp 5-106.

McDowall, R.M. (2002). Accumulating evidence for a dispersal biogeography of southern cool Temperate freshwater fishes. *Journal of Biogeography.* **29**: 207- 219.

Md. Zulfequar Ahmad Khan (2012). Climate Change: Departamento de Geografia e Estudos Ambientais, Universidade de Arba Minch, Arba Minch, Etiópia. *Jornal de Ciências do Ambiente e da Terra,* 49 pp.

Monroe, J. S. e Wicander, R. (1997). *Geologia Física. Exploring the Earth, 3rd edition. Wadsworth Publishing Company, Bona*, 646 pp.

Moodley Y, Bruford MW. (2007). Biogeografia molecular: Towards an integrated framework for conserving Pan -African biodiversity. *PubMed.* **3**: 2- 8.

Moodley, Y., Bruford, M. W., Bleidorn, C., Wronski, T., Apio, A., & Plath, M. (2009). A análise de dados de ADN mitocondrial revela não-monofilia no complexo bushbuck (*Tragelaphus scriptus*). *Mammalian Biology,* **74**: 418- 422.

Morrone JJ, Crisci JV. (1995). *Revisão Anual de Ecologia Ecologia e Sistemática.Vol.26. Journal of Historical biogeography*, pp 373-401.

Myers N, Mittermeier R, Mittermeier C, da Fonseca G, Kent J, (2000). Hotspots de biodiversidade para prioridades de conservação. *Nature.* **403**: 853-858.

Nelson G, Platnick NI. (1981). *Systematics and biogeography:* cladistics and vicariance. New York: *Columbia University Press*, 20 pp.

Oddie, Bill (1994). *Wildlife Fact File. IMP Publishing Ltd.* Grupo 1. Pp10. Owen C., Pirie, D., e Draper G.(2006). Earth Lab. explorando as ciências da terra. *Thomson/Cole. Austrália,* 564 pp.

Peres, P. A., & Mantelatto, F. L. (2020). A tolerância à salinidade explica os padrões filogeográficos contrastantes de duas espécies de caranguejos nadadores ao longo do Atlântico tropical ocidental. *Evolutionary Ecology,* **34**(4), 589-609.

Potts, L. J., Gantz, J. D., Kawarasaki, Y., Philip, B. N., Gonthier, D. J., Law, A. D., & Teets, N. M. (2020). Fatores ambientais que influenciam a distribuição em escala fina do único inseto endêmico da Antártica. *Oecologia,* **194**, 529-539 .

RDM (1990). Systematic Biology v.52 No 2. Análise de componentes: um fracasso valente? Cladistics. *Oxford University Press.***6**: 36-119.

Rechard Easters (1908). Kobus kob, antílope africano. *Encyclopidia Britannica.*

Reid, G. M. (2009). Carolus Linnaeus (1707-1778): A sua vida, filosofia e ciência e a sua relação com a biologia e a medicina modernas. *Taxon*, **58**(1), 18-31.

Ricklefs, R. E., & Latham, R. E. (1993). Global patterns of diversity in mangrove floras. *Species diversity in ecological communities: historical and geographical perspectives. University of Chicago Press, Chicago*, pp 215-229.

Rosen DE. (1978). Padrões vicariantes e explicação histórica em biogeografia. *Syst Zool.* **27**:159-88.

Rosenzweig, M.L. (1995). Species Diversity in Space and Time.*Environmental Protection,Cambridge University Press,*New York. **10**:12-22.

Rosmery G. e Gillespie (2007). *Ilhas oceânicas: Models of diversity. Universidade da Califórnia, Berkeley,* pp *3-10.*

Santini, F., & Winterbottom, R. (2002). Historical biogeography of Indo-western Pacific coral Reef biota: is the Indonesian region a centre of origin? *Journal of Biogeography*, **29**(2), 189- 205.

Santosh, M. (2010). Supercontinent tectonics and biogeochemical cycle: a matter of 'life and death. *Geoscience Frontiers*, **1**(1), 21-30.

Stangl Jr, F. B., Delizio, T. S., & Hinds, W. E. (1995). Spatial and temporal distribution of the Polymorphism for tail-tip albinism in the Hispid Pocket Mouse, Chaetodipus hispidus (Rodentia: Heteromyidae). *American Midland Naturalist*, pp 185-192.

Stoner, C.J., Caro, T. & Graham, C. (2003). Ecological and behavioral correlates of coloration in a rtio dactyls: systematic analyses of conventional hypotheses. *Behavioral Ecology.* **14**: 823-840.

Thanukos, A. (2008). Pontos de vista sobre a compreensão da evolução: Parsimonious Explanations for Punctuated Patterns (Explicações Parcimoniosas para Padrões Pontuados). *Evolution: Education and Outreach*, **1**(2), 138-146.

Trewick, S. (2017). A tectónica de placas na biogeografia. *Int. Encycl. Geogr. People, Earth, Environ. Technol.(Eds Richardson D, Castree N, Goodchild M, Kobayashi A, Liu W, Marston R)*, pp 1- 9.

Wagner, W. L., e Funk, V. A. (Eds.) (1995). *Biogeografia havaiana:* Evolution of a Hot Spot Archipelago. *Smithsonian Institution Press, Washington, DC*, 640 pp.

Wallace AR. (1876). *The Geographical Distribution of Animals*. London. *Macmillan*, pp 70-600.

Wiley EO (1988). Phylogenetic systematics and vicariance biogeography. *Syst Zool.* **37**:271-90.

Woldegebriel Gebre Kidan (1996). "A situação do nyala da montanha (*Tragelaphus buxtoni*) no Parque Nacional das Montanhas de Bale". Ethiopian Journal of Environmental studies and Management.**17**: 27-37.

Wronski T, Moodley Y. (2009). Bushbuck, antílope de arnês ou ambos? *Gnus letter.***28**: 18-19.

Yalden, D. (1983). A extensão das terras altas na Etiópia em comparação com o resto de África. *SINET: Ethiopian Journal of Science.* **6**: 35- 39.

Yalden, D.W. &Largen, M.J. (1992).The endemic mammals of Ethiopia. *Mammal Review.***22**: 115-150.

Yosef Mamo e Afewerk Bekele (2011). "Invasões humanas e de gado no habitat do nyala da montanha (*Tragelaphus buxtoni*) no Parque Nacional das Montanhas Bale, Etiópia". *Tropical Ecology.* **52**: 265-273.

Yosef Mamo e Afewerk Bekele (2010). Demografia e dinâmica do nyala de montanha *Tragelaphus buxtoni* no Bale Mountains National. *Zoologia atual.* **56**: 606-669.

Zwally, H. J. (2002). ICESat: Ice, Cloud, and land Elevation Satellite (Satélite de elevação do gelo, das nuvens e da terra). Centro de Voo Espacial Goddard da NASA.

https://doi.org/10.1093/icb/41.1.134

https://doi.org/10.1515/mamm.1969.33.4.545
 http://www.academicjournals.org/IJBC
http://dx.doi.org/10.1017/CBO9780511623387
https://www.britannica.com/animal/Uganda-kob
ISBN 978-0-300-02460-9.
https://en.wikipedia.org/wiki/Greenland
https://en.wikipedia.org/wiki/Greater_kudu
 https://animalia.bio/mountain-nyala
https://en.wikipedia.org/wiki/Bongo_(antílope)
 https://en.wikipedia.org/wiki/Bongo_(antílope)
https://en.wikipedia.org/wiki/Cape_bushbuck.
https://animaldiversity.org/accounts/Tragelaphus_scriptus/.

I want morebooks!

Buy your books fast and straightforward online - at one of world's fastest growing online book stores! Environmentally sound due to Print-on-Demand technologies.

Buy your books online at
www.morebooks.shop

Compre os seus livros mais rápido e diretamente na internet, em uma das livrarias on-line com o maior crescimento no mundo! Produção que protege o meio ambiente através das tecnologias de impressão sob demanda.

Compre os seus livros on-line em
www.morebooks.shop

Printed by Books on Demand GmbH, Norderstedt / Germany